#DisJamy

Pourquoi les chats n'aiment pas l'eau ?

et autres questions félines

Épicurieux

#Dis Jamy

Pourquoi les chats n'aiment pas l'eau ?

et autres questions félines

Nathan

Il paraît que les chats
ont sept vies. Si c'est le cas,
Nitro en a commencé
une nouvelle après quinze ans
à nos côtés.
Pour sa dernière apparition,
elle m'a donné
un ultime coup de main…
ou plutôt de patte.

Je vous présente mon chat : il s'appelle Nitro. C'est une femelle. Je crois qu'elle a envie de faire une petite sieste. Un chat dort en moyenne 12 à 16 heures par jour, principalement pendant la journée.

Pourquoi les chats n'aiment-ils pas l'eau ?

Mince, il pleut ! Encore un temps à ne pas mettre un chat dehors, pas vrai, Nitro ? Alors reste avec moi, je vais t'expliquer pourquoi les chats n'aiment pas l'eau.

Le chat est une espèce originaire du **Moyen-Orient** et d'**Afrique du nord**. Ce sont des régions très arides, où les points d'eau sont extrêmement rares. Le chat a donc su se passer d'eau. À l'origine, c'est un milieu qu'il ne connaît pas. D'où sa grande méfiance quand il s'en approche ou quand il pleut.
Alors qu'en fait, l'eau ne présente aucun danger pour les chats. D'ailleurs, **ils savent tous nager**.

La preuve, d'autres félins, originaires de **régions tropicales**, comme le jaguar ou le tigre, n'éprouvent aucune appréhension à la vue de l'eau. Ils se baignent et chassent volontiers dans les rivières.
Tenez, il y a même des chats qui adorent l'eau : le Maine Coon par exemple ou bien le Turc de Van, celui-ci précisément parce qu'il est originaire des rives du lac de Van à l'est de la Turquie et qu'il a toujours vécu au contact de l'eau.

Alors Nitro, prête pour prendre ton bain ?

Un chat, ça voit vraiment la nuit ?

Comme beaucoup de chats qui vivent en liberté, Nitro passe une grande partie de la nuit dehors. Elle peut parcourir des kilomètres dans l'obscurité, ça ne la dérange pas. Comme ses congénères, elle est **nyctalope**, ses yeux sont conçus pour voir dans la nuit.

Je vous explique, avec une petite maquette fabriquée maison !

D'abord, la **pupille** du chat possède un très grand rayon d'ouverture : **« fermé » ou « ouvert »,** pour capter un maximum de lumière – y compris la nuit.

Mais ce n'est pas son seul atout. Chez l'homme, comme chez le chat, la lumière est captée par des récepteurs, des cônes et des bâtonnets, situés sur la **rétine** : ils transforment la lumière en signaux électriques qui sont envoyés au cerveau via le **nerf optique.**
Bip, bip, bip, bip...

La rétine de l'œil humain est tapissée de 120 millions de cellules sensibles à la lumière, celle du chat en possède **150 millions** !

Comment fonctionne l'œil du chat ?

Chez le chat, le nerf optique fonctionne de la même manière mais le **fond de son œil** est en plus tapissé d'une couche réfléchissante : le **tapetum lucidum** qui renvoie vers les récepteurs la lumière qui est passée à côté.

Oh, les beaux yeux !

Voilà pourquoi les chats voient mieux que nous la nuit. Cette couche réfléchissante explique aussi pourquoi on voit très bien les yeux du chat quand ils passent dans les phares d'une voiture.

Si vous voyez deux billes jaunes dans le noir, n'ayez crainte, ce n'est pas un fantôme !

Les chats aiment-ils vraiment manger de l'herbe ?

Mon chat adore ces plantes, il en croque tous les matins. « Dès potron-minet » comme on dit. Un chat qui mange de l'herbe, comme les vaches… C'est bizarre ! Rassurez-vous, Nitro va très bien. Mon chat ne souffre pas d'un dédoublement de la personnalité.

Regardez… elle a l'air de se régaler. C'est un comportement largement répandu chez les chats.

D'après les études, plus de **70% d'entre eux consomment de l'herbe**. Plusieurs plantes portent d'ailleurs un nom qui témoigne de cette appétence.

Mais attention, il ne faut pas confondre **herbes aux chats** et **herbes à chats.** Vous connaissez la différence entre les deux ? Vous donnez votre langue au chat ? Je vais vous montrer. Il y en a quelques-unes dans mon jardin.

C'est quoi, l'herbe AUX chats ?

Voici ce qu'on appelle une herbe aux chats : une **cataire**. Certains disent aussi une menthe à chats. C'est vrai que ça y ressemble, et que ça sent un peu la menthe.

Les chats ne croquent pas dedans, ils la reniflent. Cette plante a sur eux **un effet euphorisant.** Souvent, ils se roulent par terre, sautent et courent dans tous les sens après avoir mis le nez dessus.

On pense d'ailleurs que ces plantes émettent des molécules semblables aux phéromones sexuelles des chats, d'où leur comportement en leur présence.

La cataire fait aussi de jolies fleurs bleues. Si vous n'avez pas de chats, vous pouvez malgré tout en planter dans votre jardin ou sur votre balcon car c'est une **plante mellifère** qui, comme son nom l'indique, attire aussi les abeilles.

C'est quoi, l'herbe À chat ?

Plus classique, la fameuse **herbe à chat** ! Ce sont des jeunes pousses de **graminées**, comme le blé, l'orge, l'avoine ou le papyrus… que Nitro adore mâchouiller.

Et ce n'est pas parce qu'on dit « graminée » que les chats qui en consomment sont plus gras que les autres !

En fait, on ne sait pas vraiment pourquoi les chats mangent de l'herbe, même si on en fait tout un foin ! Pendant longtemps, on a pensé que l'herbe aidait le chat à régurgiter pour faciliter l'évacuation des poils ou des plumes qu'il avale en même temps que ses proies, ou même ses propres poils avalés lorsqu'il fait sa toilette.

Un peu comme le font les **chouettes** et les **hiboux** qui régurgitent des **pelotes** dans lesquelles on retrouve tous les os, les poils et les plumes de leurs repas.

Seulement voilà : une étude, réalisée en 2017 sur plus de 1000 chats, a montré que seulement 30% de ceux qui mangent de l'herbe vomissent.
La même étude a également montré que 90% des chats qui mangent de la verdure ne présentent aucun signe de malaise avant de se mettre à brouter.

Quel rôle joue l'herbe pour les félins ?

Autrement dit, l'herbe à chat ne servirait pas nécessairement à évacuer ce que le matou n'arrive pas à digérer. Alors quel est son rôle ?

Apparemment **tous les félins mangent de l'herbe**, même les tigres et les lions.

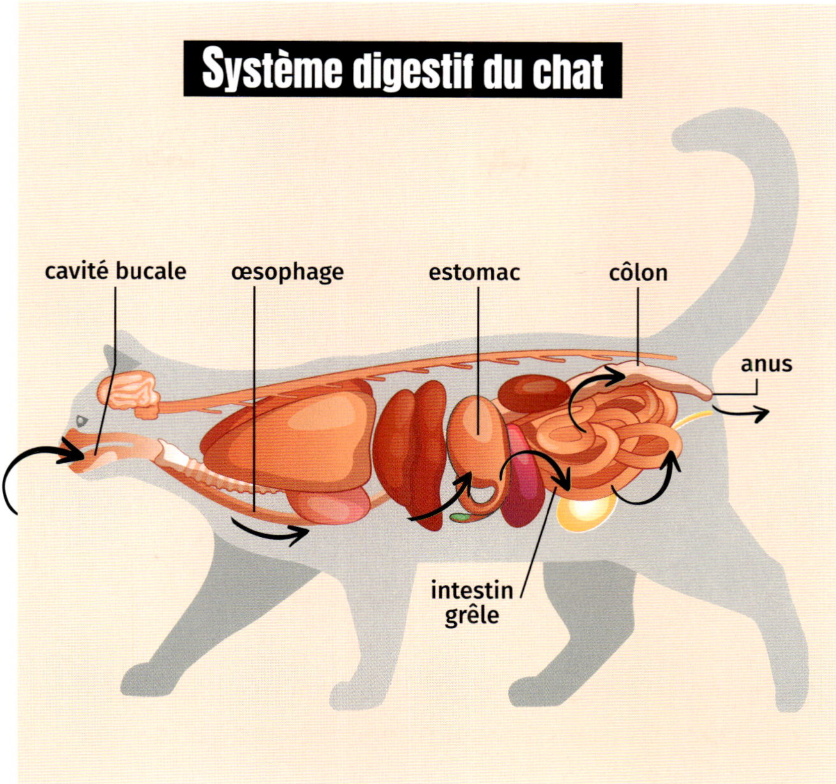

D'après les scientifiques, ces végétaux protégeraient le **système digestif** du chat. Ils lui permettraient de lutter contre la prolifération de certains parasites. Une sorte de **vermifuge naturel**.

À quoi sert la langue du chat ?

C'est vrai qu'un chat est capable de manger tout et n'importe quoi. Et pour cela il n'utilise pas que ses dents. Sa langue lui est aussi très utile. Si vous avez un chat, vous l'avez sûrement déjà constaté, quand il vous lèche, elle est **râpeuse**.

Mais non pas rappeuse ! râpeuse comme une râpe à fromage.

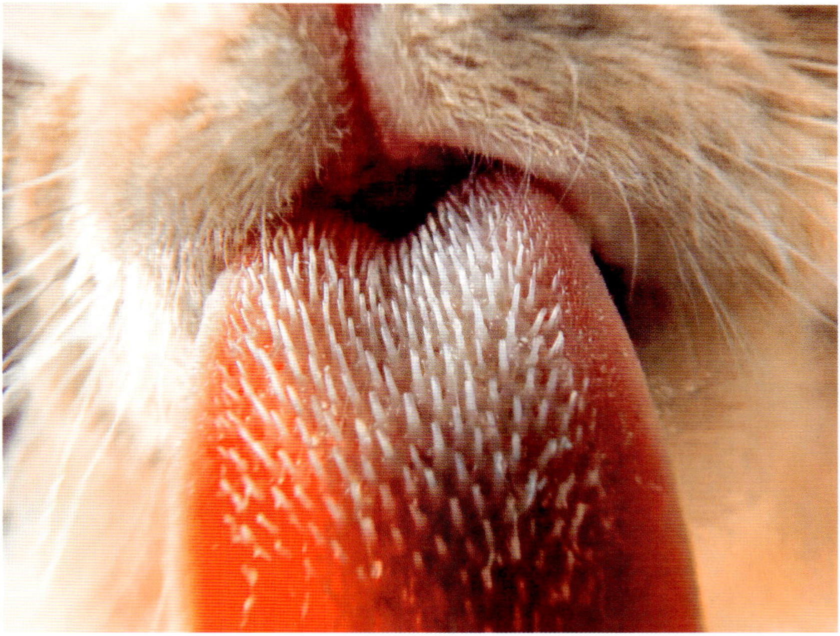

Elle est recouverte de **papilles** légèrement recourbées et constituées de **kératine** comme nos ongles. Elles sont beaucoup plus efficaces qu'une brosse pour défaire les nœuds et retirer les saletés qui sont coincées dans sa fourrure. Elles lui permettent aussi d'enlever tous les petits lambeaux de chair qui restent collés aux os de ses proies.

Je comprends mieux pourquoi Nitro ne laisse rien dans sa gamelle !

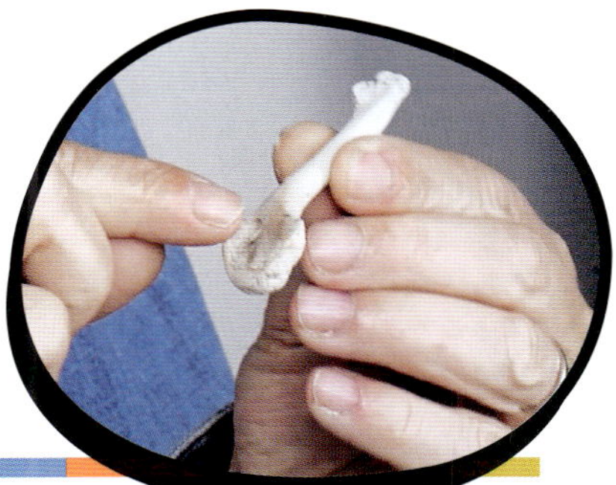

C'est quoi, une toilette de chat ?

La langue du chat l'aide également à se rafraîchir. Les chats comme les chiens ne transpirent pas, sauf au niveau des **coussinets** situés sous les pattes. C'est un peu juste quand il fait chaud.

Les papilles du chat sont recourbées mais elles ont aussi une forme **concave**, un peu comme cette feuille qui retient l'eau.

En faisant sa toilette, le chat dépose donc une petite **pellicule de salive** sur sa peau qui, en s'évaporant, pompe de la chaleur dans son organisme. Cela lui permettrait de faire baisser sa température d'environ 1°C.

Nitro, où est-ce que tu te caches ? Elle adore jouer au chat et la souris.

Pourquoi on dit ?

Donner sa langue au chat

Donner sa langue au chat, on l'a tous fait
quand on n'a pas la réponse à une question.
Cette expression signifie : abandonner quand
on ne trouve pas la solution à une énigme, une devinette.
Sur l'origine de cette expression, par exemple,
je suis sûr que certains donnent leur langue au chat.

Elle remonte au XIXe siècle, à une époque où le chat
était considéré comme un confident, celui à qui
on glissait des secrets dans le creux de l'oreille,
des choses qui ne devaient pas être répétées,
des choses que les autres ne devaient pas savoir.

Donner sa langue au chat, c'est donc faire
appel à lui pour qu'il nous révèle les choses
que lui sait, mais que nous ne savons pas.

Et autres expressions qui griffent

La langue française regorge d'expressions imagées avec les animaux, il y en aurait plus de 300 ! Et nos amis les chats figurent en bonne place.

Appeler un chat un chat. *Dire les choses de manière franche.*

Avoir d'autres chats à fouetter. *Avoir plus important à faire, ne pas avoir que ça à faire.*

Avoir un chat dans la gorge. *Être enroué, ne plus pouvoir parler ou chanter.*

Courir comme un chat maigre. *Courir très vite comme un chat qui a faim.*

Emporter le chat. *Partir sans dire au revoir.*

Écrire comme un chat. *Écrire mal, avec de petites lettres illisibles.*

Gourmand comme un chat. *Aimer les petits plats, les sucreries.*

Il n'y a pas un chat. *Il n'y a absolument personne.*

Jouer au chat et à la souris. *Se guetter, s'éviter ou retarder le moment de se rencontrer.*

Passer comme un chat sur la braise. *Aller très vite, passer rapidement sur un sujet gênant.*

Se lever dès potron-minet. *Se lever à l'aube.*

S'entendre comme chien et chat. *Se disputer, avoir des relations tendues.*

#Dis Jamy

Pierre

Pourquoi est-on allergique aux poils de chats ?

Ce ne sont pas les poils du chat qui provoquent des réactions allergiques, mais sa **salive** 😛.

Plus précisément une **protéine** appelée FEL D 1, naturellement produite par les glandes salivaires de l'animal. Et comme le chat passe une bonne partie de son temps à se lécher pour faire sa toilette, cette protéine se répand sur tout **son pelage**.

Résultat, lorsque les poils tombent, par exemple lorsqu'on brosse ou qu'on caresse son chat, elle **se répand dans l'air**. Elle risque alors de provoquer de la toux, des éternuements, une conjonctivite, de l'urticaire ou même une crise d'asthme chez les personnes allergiques qui auraient le malheur de se trouver dans les parages. Bref, de quoi être vraiment de mauvais poil.

#DisJamy

Christelle

Pourquoi les chats ronronnent-ils ?

Les scientifiques n'ont pas encore percé tous les mystères du ronronnement. En général, si un chat ronronne, c'est parce qu'il se sent bien. Les chatons ronronnent dès la première tétée et leur mère aussi. Ce son est souvent un signe de **bien-être**❤️.

Étonnamment, les félins sauvages ne semblent pas ronronner à l'âge adulte, sauf les mères avec leurs petits. Mais le chat domestique, lui, aurait conservé ce caractère juvénile comme **moyen de communication**💬 avec son maître. Par exemple, lorsque le maître caresse son chat, l'animal ronronne pour signifier son bien-être et dire « continue à me caresser ».
Le ronronnement n'est cependant pas qu'un signe de bien-être. Il y participe, car il libère chez le chat des **endorphines**😻, un neurotransmetteur messager du bonheur qui le détend. Lors d'un examen vétérinaire, par exemple, ou face à un congénère agressif, un chat peut donc aussi se mettre à ronronner, pas par plaisir cette fois mais au contraire, **pour se rassurer**👌😺.

Enfin, d'après certaines études, les fréquences basses du ronronnement auraient sur les os, les muscles et les tendons des chats un **pouvoir réparateur**🩹 voire anti-douleur.

Quiz Épicurieux

Les chats n'ont pas de secrets pour vous ?

1 **Qui suis-je ?** Je suis un organe sensoriel, composé de kératine, je détecte les moindres vibrations de l'air et je permets au chat de se déplacer dans le noir complet sans se cogner.

- **Les griffes**
- **Les vibrisses**
- **Les oreilles**

2 **Miaou !** Le chat marche à pas de velours sur ses coussinets très souples et ultra-sensibles. Combien de doigts a la patte du chat ?

- **Quatre**
- **Cinq**
- **Six**

3 **Au top !** Quelles sont les trois races de chats les plus aimées en France ?

- **Bengal**
- **European Shorthead**
- **Maine Coon**
- **Ragdoll**
- **Sacré de Birmanie**
- **Persan**

4 **Vrai ou faux ?** La France est le pays où il y a le plus de chats domestiques en Europe.

5 **Divin !** Les chats étaient vénérés dans l'Égypte antique. Quelle divinité était représentée par un chat ?

- **Anubis**
- **Bastet**
- **Thot**

6 **Quelle histoire !** À partir de quand les humains ont-ils commencé à domestiquer les chats ?

- **- 2600 ans avant J.C.**
- **- 4000 ans avant J.C.**
- **- 7000 ans avant J.C.**

7 **Gourmandise.** Quel ingrédient ne rentre pas dans la recette des petits biscuits langues de chat qu'on déguste avec une glace ou un chocolat chaud ?

- **Farine**
- **Œufs**
- **Beurre**
- **Lait**
- **Sucre**

8 **Culte !** Un intrus s'est glissé dans les noms des 5 Aristochats. Lequel ?

- **Berlioz**
- **Duchesse**
- **Marie**
- **Mozart**
- **O'Malley**
- **Toulouse**

9 **Catwoman** est une héroïne des comics Marvel ou DC Comics ?

10 **Quel cinéma !** Pouvez-vous citer trois films avec des chats dans le titre ?

Réponses : **1.** Les vibrisses, qu'on appelle aussi les moustaches, sont au nombre de 16 chez le chat. Il ne faut surtout pas les couper ! **2.** Cinq. **3.** Selon le Loof, les chats les plus appéciés ces vingt dernières années sont : Maine Coon, Sacré de Birmanie et Persan. **4.** Faux. La France se place en troisième position selon les derniers chiffres officiels de 2019, avec 14,2 millions de chats, derrière la Russie (22,8 millions) et l'Allemagne (14,7 millions). **5.** La déesse Bastet. **6.** On a découvert à Chypre en 2004 le squelette d'un chat enterré avec un humain dans une tombe vieille de plus de -7000 ans avant J.C. **7.** Le lait. **8.** Mozart. **9.** DC Comics. **10.** *Chat noir, chat blanc* – *La Chatte sur un toit brûlant* – *Le Chat potté* – *Les Aristochats* – *Le Chat*...

Culture Chat

Avez-vous la culture chat et une mémoire d'éléphant ?

J'ai mis un peu de temps avant de baptiser mon chat Nitro. Et vous ?

Voici une petite liste de chats célèbres. Saurez-vous les relier à l'œuvre dont ils sont issus ?

niveau **apprenti**

Cheshire	**Alice au pays des Merveilles**
Chi	**Fritz the Cat**
Fritz	**Harry Potter**
Pattenrond	**Chi, une vie de chat**
Sylvestre	**Titi et Gros Minet**

Réponses : **Cheshire :** *Alice au pays des Merveilles.* **Chi :** *Chi, une vie de chat.* **Fritz :** *Fritz the Cat.* **Pattenrond :** *Harry Potter.* **Sylvestre :** *Titi et Gros Minet.*

niveau **expert**

Aile de Colombe	**Catwoman**
Beauty	**Histoire d'une mouette et du chat qui lui apprit à voler**
Buttercup	**Hunger Games**
Church	**Journal d'un chat assassin**
Figaro	**La Guerre des Clans**
Griffe de Ronce	**Le Chat du rabbin**
Grippe-Minaud	**Le chat, la belette et le petit lapin**
Isis	**Le Cinquième Livre**
Kitty	**Le Roman de Renart**
Le Chat sans nom	**Mickey Mouse**
Pat Hibulaire	**Peines de cœur d'une chatte anglaise**
Raminagrobis	**Pinocchio**
Tibert	**Simetierre**
Tuffy	**South Park**
Zorbas	

Réponses : Aile de Colombe : *La Guerre des Clans.* **Beauty** : *Peines de cœur d'une chatte anglaise.* **Buttercup** : *Hunger Games.* **Church** : *Simetierre.* **Figaro** : *Pinocchio.* **Griffe de Ronce** : *La Guerre des Clans.* **Grippe-Minaud** : *Le Cinquième Livre.* **Isis** : *Catwoman.* **Kitty** : *South Park.* **Le chat sans nom** : *Le Chat du rabbin.* **Pat Hibulaire** : *Mickey Mouse.* **Raminagrobis** : *Le chat, la belette et le petit lapin.* **Tibert** : *Le Roman de Renart.* **Tuffy** : *Journal d'un chat assassin.* **Zorbas** : *Histoire d'une mouette et du chat qui lui apprit à voler.*

Le goût du savoir, ça se partage !

Retrouvez les Épicurieux sur YouTube et les réseaux sociaux

Découvrez les titres disponibles dans la collection :

Textes : Jamy Gourmaud et l'agence Tadam.

Photos : © Chaîne Youtube Epicurieux, sauf : p. 10 : © Shutterstock/Alexey Broslavets ; p. 11 © Shutterstock/chayata kummok ; p. 19 : © Shutterstock/VectorMine ; p. 21 : © Shutterstock/bdavid32.

Dépôt légal : février 2022
ISBN : 978-2-09-249677-0 / N° éditeur : 10278021
Achevé d'imprimer en janvier 2022 par Clerc (18200 Saint-Amand-Montrond).